Benny Rebel

Die Tiere Afrikas in 3-D

Wildlife of Africa in 3D

Benny Rebel

Die Tiere Afrikas in 3-D

Wildlife of Africa in 3D

terra magica

Dreidimensionale Naturfotografie

Zwei Augen sehen mehr als eines. Dies gilt besonders bei der Stereofotografie.

Im 21. Jahrhundert etwas Neues zu entdecken, ist sicherlich nicht leicht. Als ich durch eine eigene Marktforschung feststellte, dass es noch nie ein Buch mit dreidimensionalen Tieraufnahmen gegeben hat, beschloss ich, selbst so einen Bildband mit Fotos von wilden Tieren zu veröffentlichen und meinen Mitmenschen damit einen besonderen Bereich unserer wundervollen Natur zugänglich zu machen. Ich möchte den Betrachtern meiner Bilder eine Dimension zeigen, die sie bis dahin nicht gekannt haben.

Auf die Idee der 3-D-Fotografie kam ich 2002 beim Besuch der Fotomesse »Photokina« in Köln. An einem Stand konnte man eine Stereobrille aufsetzen und damit einige dreidimensionale Bilder als Diashow betrachten. Ich war so beeindruckt, dass ich mir vornahm, mich mit dieser Technik näher vertraut zu machen.

Noch im selben Jahr eignete ich mir die Grundkenntnisse der 3-D-Fotografie an und fuhr dann mit einigen hundert Diafilmen nach Namibia. Nach meiner Rückkehr hatte ich einige tausend 3-D-Aufnahmen im Rucksack und begann darüber nachzudenken, was ich damit anstellen könnte.

Zunächst rahmte ich die besten 50 Dias und schaute mir diese durch einen »Gucki« (ein kleines Betrachtungsgerät für 3-D-Dias) an. Von diesen ersten Versuchen war ich beflügelt, und auch alle meine Freunde, die die Auf-

Diese Warzenschweindame scheint gerade aus dem »Buschfriseurladen« zu kommen, wo sie sich ihre tolle Mähne frisieren ließ.

This warthog lady seems to have just come from the "bush-hairdressers" where she had her fantastic mane done up.

Familienglück bei den Impalas. Dieses Impalababy ist gerade frisch geboren und steht noch sehr wackelig auf den Beinen. Für mich war es das erste Mal, eine Impala in ihren ersten Lebensstunden zu beobachten. ▸

Happy families! This impala baby has just been born and is still very shaky on its legs. It was the first time I could watch an impala during the first hours of its life. ▸

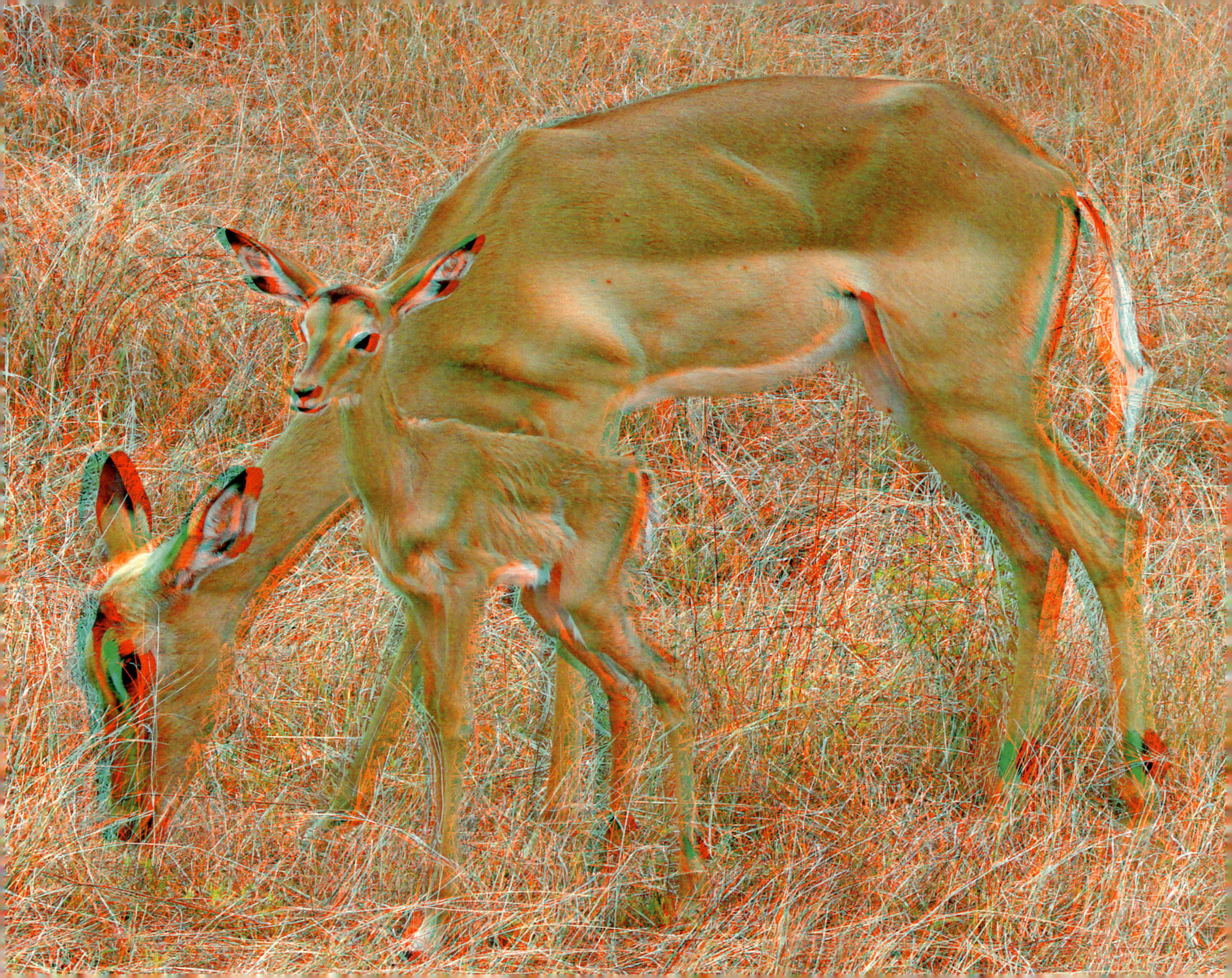

nahmen sahen, waren begeistert und ermutigten mich dazu, weitere Bilder dieser Art zu produzieren. Solche »lebendigen« Tieraufnahmen hatte noch keiner von ihnen je zuvor gesehen!

Zu dieser Zeit stellte ich aber auch fest, dass nicht alle Menschen dreidimensional sehen können. Nur die Menschen können 3-D-Bilder sehen, bei denen die Zusammenarbeit zwischen beiden Augen und Gehirn reibungslos funktioniert. Das läuft folgendermaßen ab: Die beiden Augen sehen zunächst zwei zweidimensionale Bilder. Erst im Gehirn werden diese zu einem dreidimensionalen Bild zusammengefügt. Nur wenn die Zusammenarbeit von Gehirn und Augen gut gemeistert wird, dann nehmen wir die Bilder in 3-D-Form wahr. Dieser Vorgang dauert bei manchen Menschen länger als bei anderen. Nehmen Sie sich für die Betrachtung der Bilder einfach etwas mehr Zeit.

Ein kleiner Prozentteil der Menschen kann diese wunderbare Welt leider nicht sehen, weil entweder die Augen fehlerhaft sind oder das Gehirn nichts mit den gelieferten Daten aus den Augen anfangen kann. Manche Menschen bekommen sogar Kopfschmerzen von der Betrachtung solcher Bilder. Dies soll nur am Rande als Information erwähnt sein.

Nun zurück zu meiner »Liebe«, zur 3-D-Tierfotografie: Als für mich feststand, dass ich diese Bilder der breiten Masse vorstellen möchte, erkundigte ich mich, welche Präsentationsmöglichkeiten und Druckalternativen es gäbe, um meine Dias veröffentlichen zu können. Schnell stellte sich heraus, dass es äußerst schwierig und kostspielig sei, aus diesen Dias Druckmedien herzustellen, und nur mit einer Diashow wollte ich mich nicht zufrieden geben.

Die Zeit verging und die digitale Fotografie hielt Einzug in mein Leben als Fotograf. Mit dieser neuen Technik sahen nun die Zukunftsaussichten für mein 3-D-Projekt wesentlich besser aus.

Durch unzählige Tests und Versuche fand ich immer mehr Tricks und Möglichkeiten, um damit die alten Probleme zu besiegen.

Für eine Filmproduktion für das deutsche Fernsehen flog ich im Jahr 2005 nach Südafrika. Meine digitalen Kameras, die für die Stereofotografie extra zusammenmontiert worden sind, kamen dort zum ersten Mal zum Einsatz. Solche Fotoapparate kann man im Handel nicht kaufen, da es weltweit nur wenige Freaks und kleine Unternehmen gibt, die in der Lage sind, aus zwei Kameras eine Stereokamera zu bauen.

Auf einer zweiten Reise nach Südafrika im Herbst 2006, auf der ich ausschließlich im Stereo-Verfahren fotografiert habe, konnte ich die 3-D-Technik weiter verfeinern.

Durch die digitale Technik ist nun das Drucken von 3-D-Bildern um ein Vielfaches leichter geworden. Das Fotografieren und Zusammenmontieren der Bilder ist jedoch nach wie vor sehr viel umständlicher als bei der herkömmlichen Fotografie. Dies ist sicherlich auch der Grund, warum es im 21. Jahrhundert noch keinen 3-D-Bildband von Wildtieren gegeben hat. Aber es lohnt sich: Die Bilder wecken viel mehr Emotionen als jedes normale 2-D-Foto.

Einige Aufnahmen in diesem Buch sind so produziert, dass Sie das Gefühl bekommen, die Tiere folgten Ihnen, wenn Sie sich bewegen. Dieser Effekt ist bei den Aufnahmen, bei denen Teile des Bildes aus dem Buch herauszuragen scheinen, besonders stark wahrzunehmen.

Tipp zur Betrachtung der Bilder: Legen Sie das Buch auf einen Tisch und gehen Sie einen Schritt zurück. Bewegen Sie nun Ihren Oberkörper nach links oder rechts. Gehen Sie einige Schritte zurück und kommen Sie wieder näher zum Buch. So wird der Eindruck, lebendige Tiere vor sich zu haben, noch viel unmittelbarer. Gerade aufgrund der Begeisterung, die diese Bilder wecken, denke ich, dass die 3-D-Fotografie ein sehr gutes Mittel sein kann, um damit für den Tierschutz und für den Erhalt der Lebensräume der Tiere zu werben.

In einer Medienwelt, in der Menschen täglich unzähligen visuellen Reizen ausgesetzt sind, muss man sich etwas Neues einfallen lassen, um damit die Aufmerksamkeit der Menschen auf sich zu ziehen. Dabei liegen mir besonders unsere Kinder am Herzen! Denn diese sind die Wähler und die Politiker von morgen! Ich habe festgestellt, dass 3-D-Tierbilder Kinder weitaus mehr beeindrucken als jedes andere Medium, den Computer eingeschlossen.

Mit meinen Bildern, die in dieser Form noch nie veröffentlicht worden sind, möchte ich Sie und Ihre Kinder auf eine Fotosafari der besonderen Art mitnehmen, um Ihnen eine neue Sichtweise unserer wunderbaren Natur zu ermöglichen. Und ich möchte Ihr Interesse für den Naturschutz wecken, da ich die Hoffnung habe, dass auch Ihre Kinder in Zukunft eine intakte Natur vorfinden werden, in der sie ebenfalls diese Tierwelt sehen, erleben und fotografieren können.

Herzlichst Ihr

Benny Rebel

Ein Buschbockweibchen ruht sich unter einem Baum im Krüger Nationalpark aus.

A female bushbuck is resting under a tree in the Kruger National Park.

Three Dimensional Nature Photography

Two eyes do see more than one. This is especially true for stereo-photography.
It is certainly not easy to discover something new in the 21st century. After doing some market research, I realized that no book with 3D wildlife pictures had ever been published. I decided to publish one myself and to make a wonderful part of our precious environment accessible to others. I would like to show those who look at my photos a dimension they have not known so far.
The idea of 3D photography came to me in 2002, when I visited the photo-exhibition "Photokina" in Cologne. At one stand you could put on a pair of stereo-glasses and look at a slide show of three-dimensional pictures. I was so impressed that I resolved to make myself more familiar with this technology.
Still in the same year I acquired the basic skills of 3D photography and traveled to Namibia taking several hundred slide films along. On my return, I had several thousand 3D shots and began wondering what I could do with them.
For a start I framed the 50 best slides and looked at them through a small handheld viewer for 3D slides. I was absolutely inspired by these first trial pictures and all my friends who saw them were also thrilled and encouraged me to produce more pictures of this kind. None of them had ever seen such animate images before.
At this time I realized that not everyone can see things three-dimensionally. Only those people whose two eyes and brain work together properly can see 3D pictures. This is what happens:
At first, the two eyes see two two-dimensional pictures. Only when these have reached the brain they are joined together to create a three-dimensional photo. The eyes and the brain must cooperate accordingly, for us to perceive the photos as 3D pictures. Some people need more time for this process than others. Do take your time looking at the pictures.
A small percentage of people, unfortunately, cannot see this wonderful world, either because their eyes are defective or because the brain cannot process the information the eyes deliver. Some people even get headaches from looking at these kinds of pictures. This is just meant as a side note.
Now back to my "passion": 3D wildlife photography.
When I had decided to present these pictures to a wider public, I enquired about different forms of presentation and printing alternatives for publishing my slides. It soon became obvious that it was extremely difficult and expensive to create print media from these slides. Nonetheless, I didn't want to settle for just a slide show.
Time passed and digital photography entered my life as a photographer. With this new technology the future prospects for my 3D project were much better. By doing numerous tests and trials I found more and more tricks and possibilities to overcome the old problems.
In 2005 I flew to South Africa for a film production for German television. My digital cameras, which had been especially assembled for stereo-photography, were used there for the first time. These cameras cannot be bought in a store, as there are only a few freaks and small companies worldwide who know how to build a stereo-camera out of two cameras.
On a second trip to South Africa in fall 2006, during which I exclusively shot stereo photos, I could further refine the 3D technology.
As a result of the new digital photo technology the printing of 3D pictures has been greatly simplified. Taking the pictures and fitting them together, however, is still much more complicated than in traditional photography.
Here is a tip for viewing the pictures: some of the shots in this book create the impression that the animals are following you when you move. This effect can be perceived most strongly in those shots where parts of the picture seem to protrude from the book. Put the book on a table and take a step back. Now move the upper part of your body to the right or left. Go backwards a few steps and then come closer again. That way the impression of having live animals in front of oneself is even more apparent.
Because of the strong impression these pictures make, I believe that 3D photography can be a very good means for promoting wildlife protection and the conservation of habitats. In a world ruled by the media, where people are exposed to innumerable visual stimuli every day, you have to come up with something new to catch people's attention. Here our children are especially important to me! They are the voters and politicians of tomorrow. I have noticed that 3D wildlife pictures impress children far more than any other medium, including the computer.
With my pictures that have never before been published in this form, I would like to take you and your children on a special kind of photo safari. It will allow you a new perspective on our wonderful natural environment. In addition, I want to arouse your interest for conservation issues because I sincerely hope that in the future your children will also be able to experience an intact environment in which they can see, experience and take pictures of this wildlife.

Sincerely yours,
Benny Rebel

Inhalt

Content

Die Elenantilope ist die größte Antilope Afrikas. Sie kann trotz Ihrer massigen Statur über hohe Zäune springen.

The eland is the biggest antelope in Africa. Despite its bulky figure it can jump over high fences.

Elefanten

Für diese Nahaufnahmen der Elefanten habe ich einen Wildhüter, der viel Erfahrung mit Fotografen und Filmteams aus aller Welt hat, gebeten, mir bei der Realisierung meiner Bildideen behilflich zu sein. Als ich ihm erzählte, dass ich Bilder von Elefanten machen möchte, die mit ihrem Rüssel meine Kamera inspizieren, hielt er das für einen Scherz. Als er sah, dass ich es wirklich ernst meinte, sagte er: »Es ist so verrückt, dass man es versuchen sollte«. Es hat einige Tage gedauert, manchmal wurde es sehr gefährlich, aber schließlich haben wir mit ein paar Tricks die Aufnahmen bekommen, die ich mir vorgestellt hatte. Auf diesen Bildern können Sie verfolgen, wie der Rüssel länger wird, je weiter Sie sich vom Buch entfernen und umgekehrt. Wenn Sie Ihren Oberkörper nach links oder rechts bewegen und dabei das Buch still halten, werden Sie feststellen, dass der Rüssel Ihnen folgt. So erleben Sie die Tierwelt aus einer völlig neuen Perspektive.

Elephants

For these close-up views of the elephants, I asked a ranger who had a lot of experience with photographers and international film teams, to help me realize my ideas. When I told him that I wanted to take pictures of elephants examining my camera with their trunks, he thought I was joking. When he realized that I really meant it, he said: "It's so crazy that we should try it."

It took a couple of days and sometimes it got very dangerous but with a few tricks we finally got the shots I had imagined.

On these pictures you can observe how the trunk gets longer the further you move away from the book and shorter when you move nearer. If you move the upper part of your body to the right or to the left and hold the book still in the meantime you will notice that the trunk is following you. In that way you experience the animal kingdom from a completely new perspective.

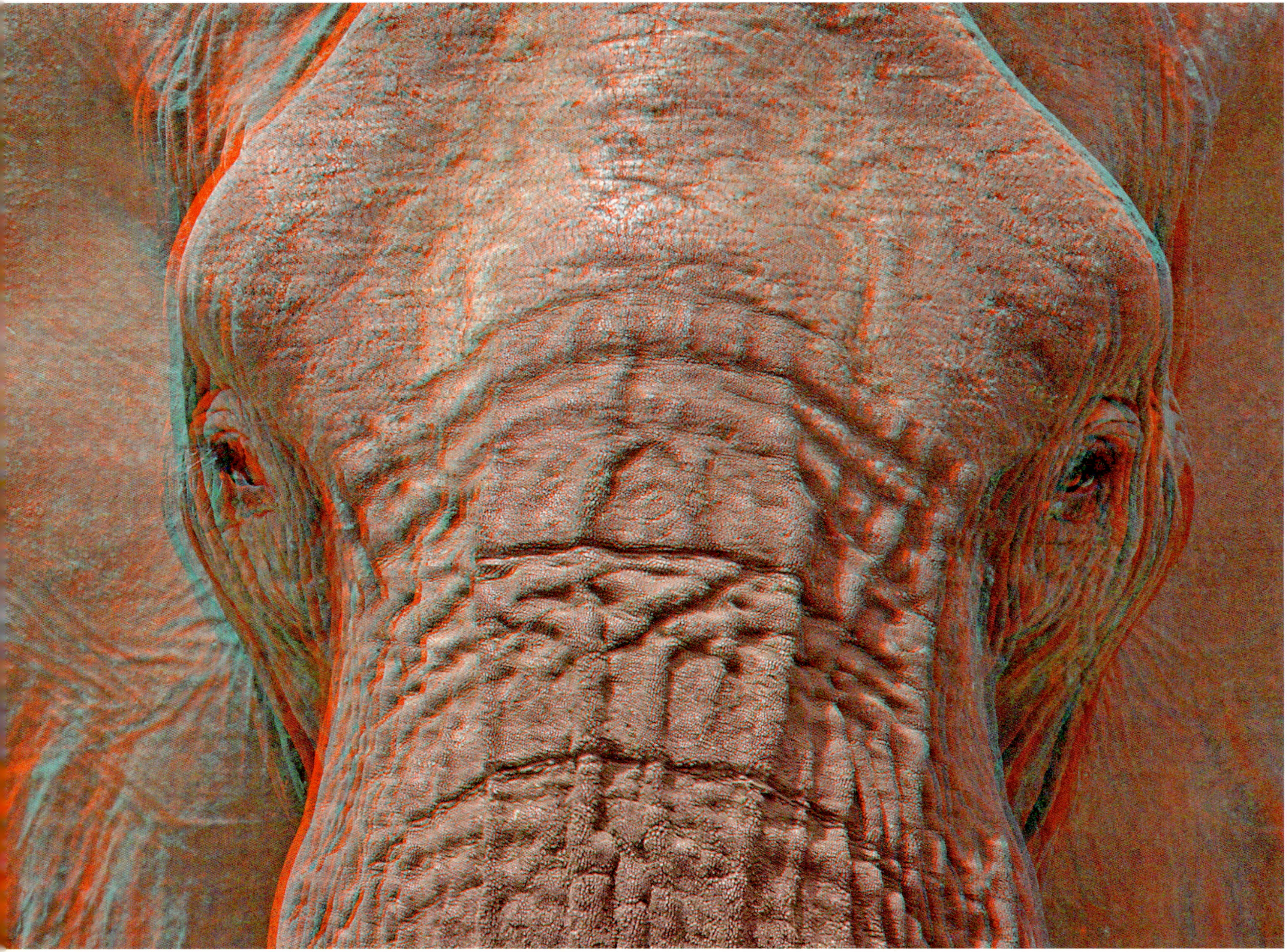

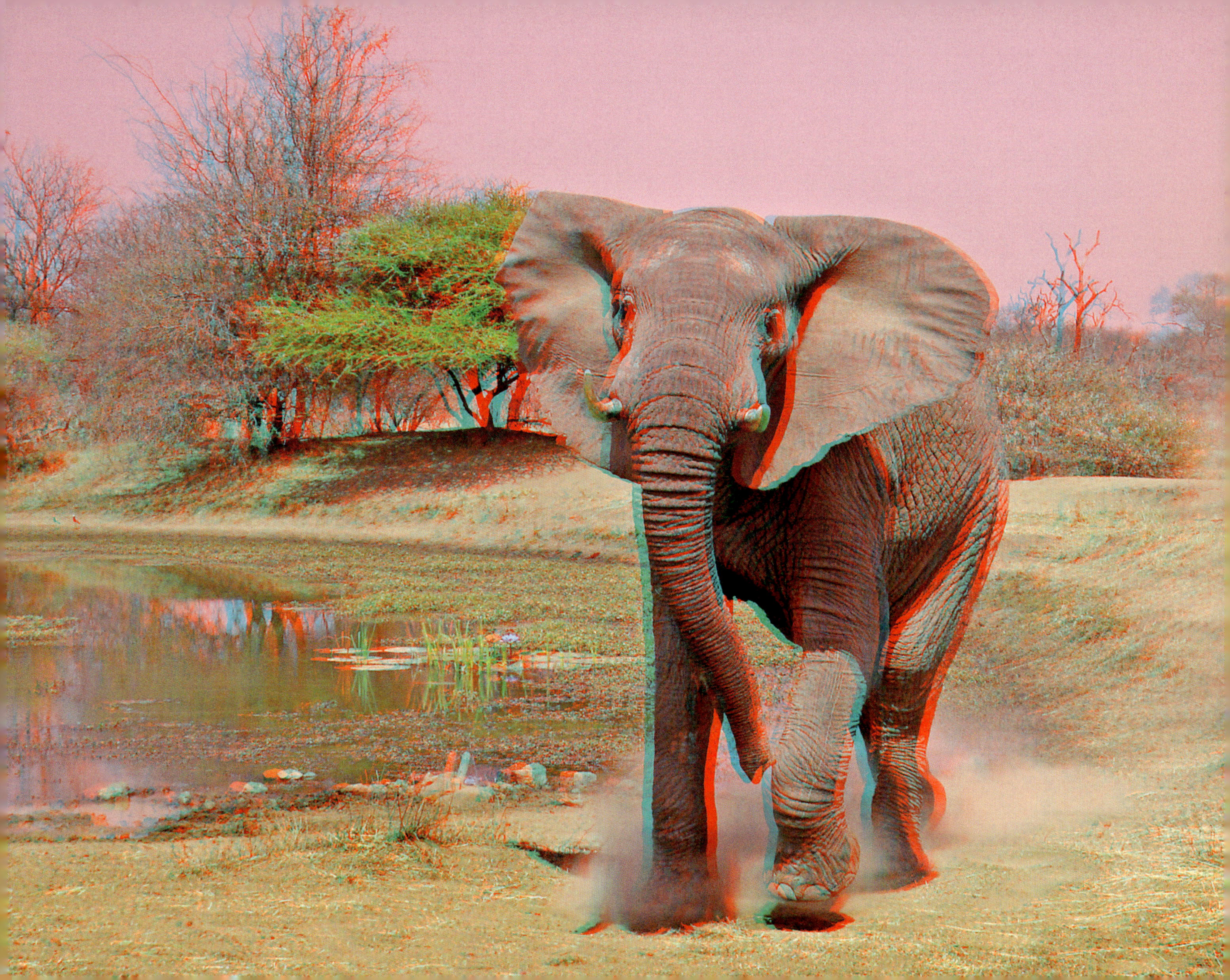

Krokodile

Diese Nachfahren der Dinosaurier zeigen keinerlei Mimik, Gestik oder Emotionen. Es ist sehr schwierig, aus ihren Augen zu lesen, was sie gerade denken, ob sie relaxt, nervös, krank oder aggressiv sind. Hinzu kommt, dass sie blitzschnell angreifen. Deswegen sollte man immer zur Flucht bereit sein, wenn man sich nah an sie heranpirscht. Die folgenden Aufnahmen entstanden teilweise aus weniger als drei Metern Distanz!

Crocodiles

These successors of the dinosaurs show no facial expressions, gestures or emotions at all. It is very difficult to read in their eyes what they are thinking, whether they are relaxed, nervous, sick, or aggressive. In addition, they attack in split seconds. Consequently you should always be ready to flee when sneaking up close to them. The following shots were mostly taken from less than three meters away!

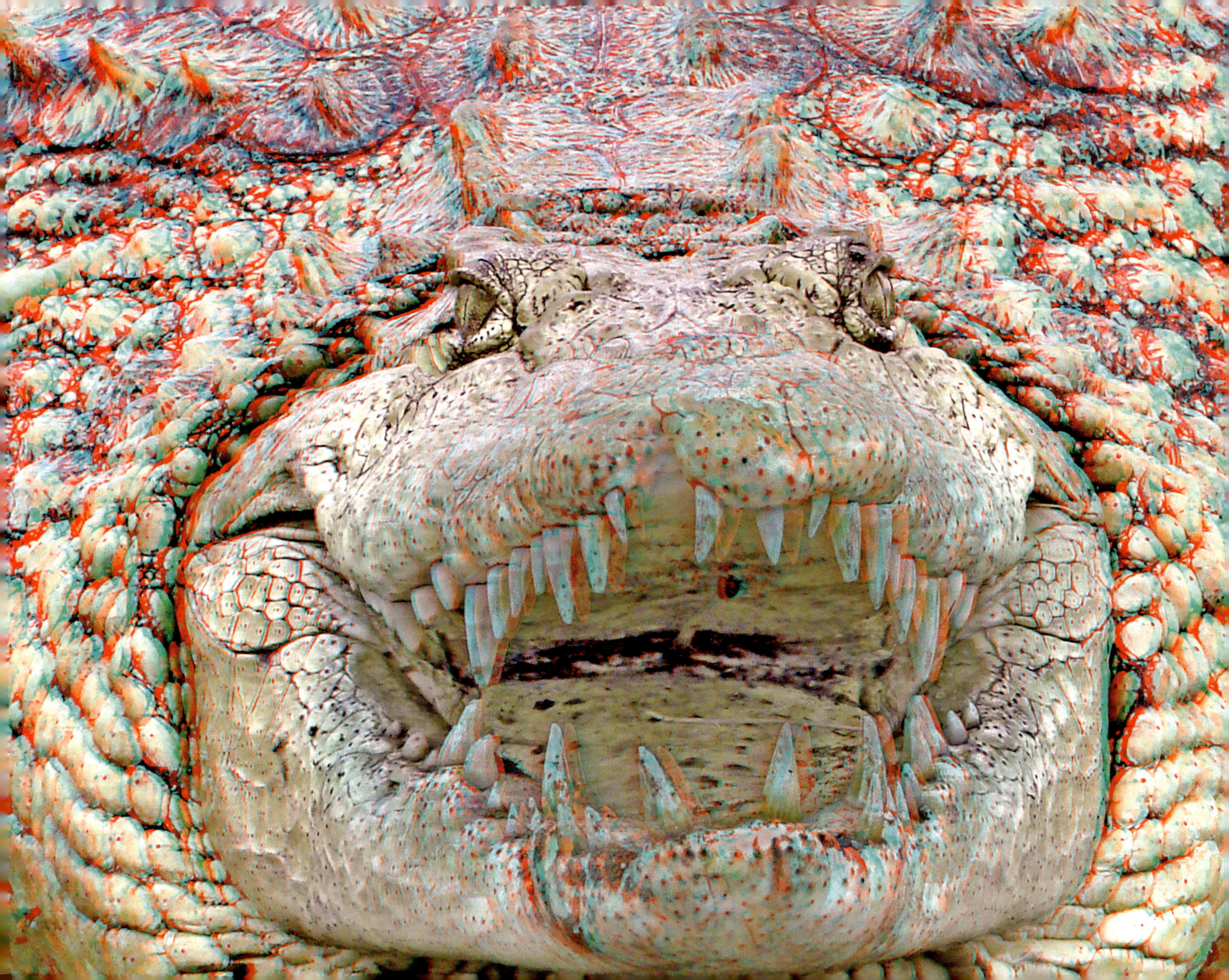

Löwen

Das soziale Leben der Löwen ist sehr ausgeprägt und sie sind manchmal so liebevoll zueinander, dass man sich nur schwer vorstellen kann, dass sie Raubtiere sind. Löwinnen, die Säuglinge zu stillen haben, tolerieren sogar andere Jungtiere aus ihrem Rudel an ihrer »Milchbar«.

Das Raubtierverhalten in den Löwen kommt dann zum Vorschein, wenn es ums Fressen geht. Löwen haben keine guten »Tischmanieren« und jedes Rudelmitglied kämpft äußerst blutig um seinen Anteil am Fleisch. So habe ich beobachtet, dass Löwen, die sich gerade angekuschelt hatten und einander ihre Zuneigung zeigten, eine Stunde später so brutal ums Futter kämpften, dass einer von ihnen am Auge schwer verletzt wurde.

Da ich dieses Verhalten der Löwen kenne, weiß ich, wie ich in solchen Situationen Bilder aufnehmen kann, die diese Aggressionen zeigen. Dabei ist Risikobereitschaft gefordert. Löwen, die ums Futter kämpfen, mögen auch keine Menschen in ihrer Nähe.

Lions

The social behavior of lions is very distinct and they are sometimes so affectionate of one another that it is difficult to imagine them as predators. Female lions that are nursing their young even tolerate other young animals from the pack at their "milk-bar".

The predator in the lions shows where food is concerned. Lions have no good table manners and each member of the pack fights extremely brutally for its share of the meat. I observed that lions, which had only just cuddled together and shown each other their affection, fought so wildly over food one hour later that one of them was severely hurt at the eye.

Since I am acquainted with the behavior of lions, I know how to take pictures in these situations that show the aggression. You need to be willing to take risks for this as lions who are fighting over food don't like humans around.

In einem Löwenrudel gibt es normalerweise ein oder zwei dominierende Männchen und ein dominierendes Weibchen. Dieses Weibchen ist immer wesentlich aggressiver, kräftiger und gefährlicher als die anderen Löwen im Rudel. Das Löwenweibchen in diesem Bild ist solch ein dominantes Tier.

Normally, there are one or two dominant males and one dominant female in a pride of lions. The female is always considerably more aggressive, stronger and more dangerous than the other lions in the pride. The female lion in this picture is such a dominant animal.

Löwenmännchen wiegen zwischen 180 kg und 250 kg. Ihre imposante Größe wirkt durch ihre lange Mähne noch beeindruckender. Diese Mähne schützt sie vor Prankenhieben und Bissen ihrer Gegner im Hals- und Nackenbereich. Ein Löwenmännchen muss sich immer wieder durch zahlreiche Kämpfe behaupten. Es ist seine Aufgabe, rivalisierende Löwen von seinem Territorium fernzuhalten oder auch mit Hyänen zu kämpfen, die die Erzrivalen der Löwen sind. Aufgrund der zahlreichen brutalen Kämpfe, die ein Löwenmännchen durchstehen muss, ist die Lebenserwartung der »Löwenmänner« wesentlich geringer als die der Weibchen.

The average weight of a male lion ranges from 360 up to 500 pounds. Their long mane enforces the impressiveness of their size even more. Their mane protects them from their aggressors' blows with a paw and from bites into the neck and shoulders. Again and again, a male lion has to hold its ground in numerous fights. It is the males' duty to keep rivaling lions out of their territory or to fight hyenas, the lions' archrivals. As a consequence of numerous brutal fights to win, the life expectancy of a male lion is substantially shorter than the life of a female.

Ein Löwe, der in Sprintposition sitzt und den Fotografen anstarrt, steht kurz vor einer Attacke. Genau diese Situation ist im Bild festgehalten. Löwen starren einen Menschen nie lange an, es sei denn, sie meinen es ernst.

Das allerletzte Zeichen, das oft während des Angriffs erfolgt, ist das schnelle Bewegen des Schwanzes. Gleichzeitig werden die Ohren nach hinten gelegt und die Krallen aus den Pranken herausgefahren, um damit zuzuschlagen.

A lion sitting in a sprinting position, staring at the photographer, is just about to attack. It is exactly this situation which is captured in the picture. Lions never stare at people very long – if they do they are dead-serious about it.

The very last warning sign that is often given during the attack is the tail's rapid movement. At the same time, the lion lays its ears backwards and extends its claws from its paws for striking a blow.

Schakale

Tagsüber sieht man nur ab und zu Schakale, die durch die Savanne ziehen. Diese Tiere werden erst in der Dämmerung richtig aktiv. Bevor es richtig dunkel wird, geben sie ihr allabendliches »Konzert« zusammen mit Hyänen und Grillen. Mit diesen Geräuschen kündigt sich immer die Dunkelheit an. Ich liebe diesen Sound.

Jackals

During daytime you'll see jackals roaming the savanna only now and then. These animals don't become really active until dusk. Before it gets completely dark they give their daily evening "concert" together with the hyenas and the crickets. Darkness always announces its arrival with these sounds. I love it.

Es war für mich eine große Freude, diese wenige Wochen alten Schakalbabies zu beobachten. Mal haben sie sich aneinander angekuschelt und mal miteinander gerauft. Es war für mich ein unvergessliches Erlebnis und meine erste Begegnung mit so jungen Schakalen in der Wildnis.

It was a great pleasure for me to observe these jackal babies that were only a few weeks old. Sometimes they cuddled up together and sometimes they scuffled. It was an unforgettable experience for me and my first encounter in the wilderness with jackals this young.

Manchmal ist es die Interaktion zwischen den Tieren, die ein gutes Bild ausmacht. Hier sind es ein junger Löwe und ein Schakal. ▸

Sometimes it is the interaction between the animals that makes a good picture. Here it is a young lion and a jackal. ▸

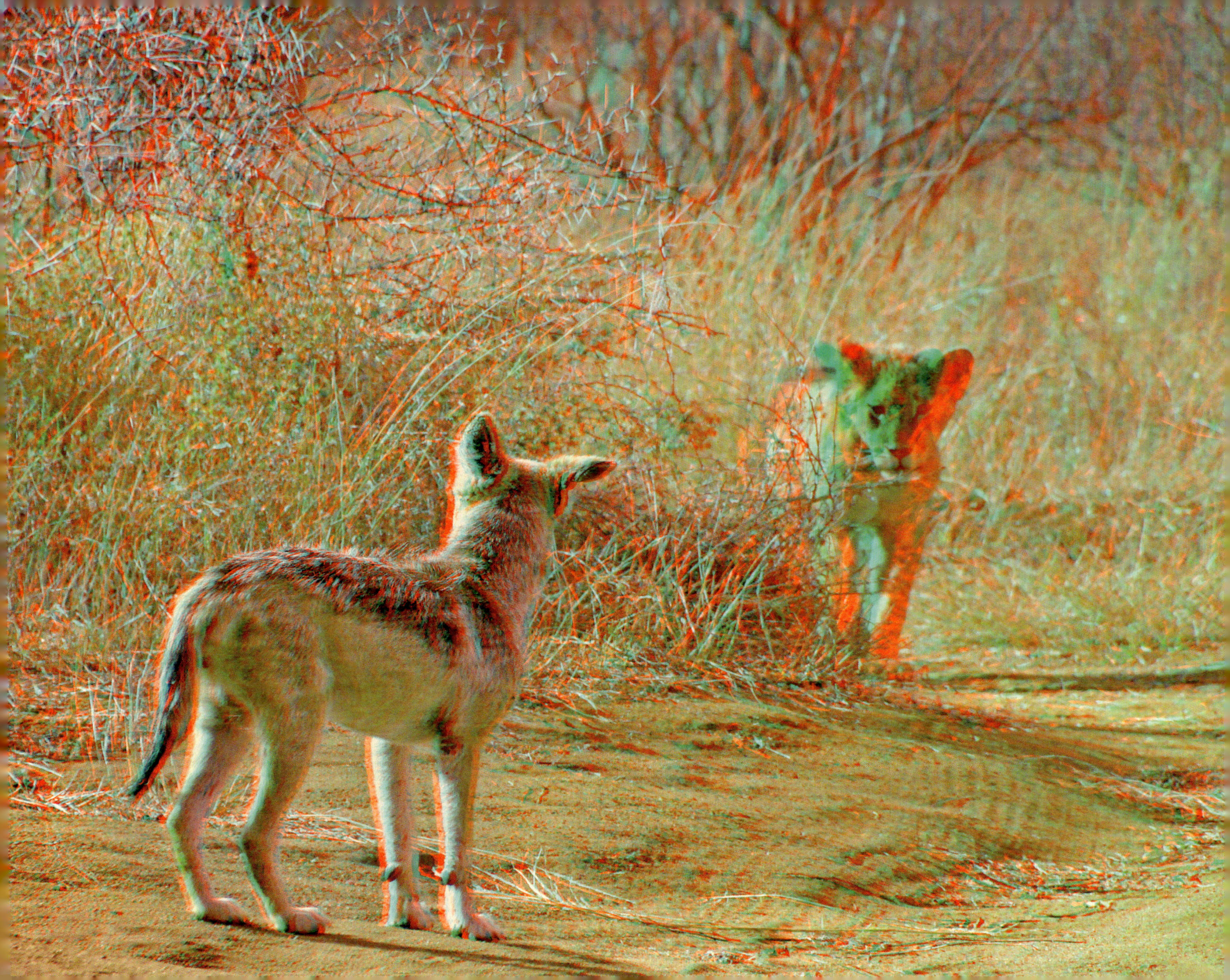

Nachtaufnahmen

Wo Menschen zu finden sind, ist auch Müll nicht weit. In den afrikanischen Tierreservaten wird dieser Müll, der hauptsächlich aus Küchenabfällen besteht, manchmal zur Nahrungsergänzung für zahlreiche Wildtiere.

Ich habe mich einige Nächte lang allein an einen der Müllplätze gelegt, um zu sehen, was sich dort in der Dunkelheit abspielt. Ich lag auf meinem Bauch und zog eine Wolldecke über meinen Körper, sodass nur mein Kopf und die 3-D-Kameras zu sehen waren. Damit wollte ich so klein und ungefährlich wie möglich erscheinen, damit die Tiere in mir keine Bedrohung sähen. Es war ganz schön unheimlich, dort allein und unbewaffnet zu liegen und zu warten, bis die Tiere aus der Dunkelheit herauskommen. Mal raschelte es vor mir im Busch und mal hinter mir.

Es kamen jede Nacht bis zu zehn Stachelschweine, über 20 Schakale, mehrere Hyänen, einige Büffel und eine Elenantilope. Das waren die Tiere, die ich eindeutig identifizieren konnte. Was da noch im dunklen Busch raschelte, aber nicht näher herankam, weiß ich nicht.

Manche dieser Tiere kamen bis zu meinen Händen, die ausgestreckt die Kameras bedienten. Da ich ruhig blieb, haben die Tiere mich dort liegen lassen und weiter im Müll nach Fressbarem gesucht. Meine Nervenstärke wurde mit äußerst seltenen Aufnahmen belohnt, die Sie auf den folgenden Seiten sehen können.

Night Views

Where people are, garbage is not far off. In the African game reserves this garbage that mainly consists of kitchen slops sometimes becomes a dietary supplement for numerous wild animals.

I laid down alone for several nights at one of the garbage dumps in order to see what happens there in the dark. I lay on my stomach and pulled a woolen blanket over my body so that only my head and the 3D cameras were visible. By doing this I wanted to appear as small and harmless as possible so that the animals saw no threat in me. It was pretty eerie to lie there alone and unarmed and to wait until the animals came out of the dark. Sometimes there was a rustling in the bush in front of me, sometimes behind.

Every night at least ten porcupines, more than 20 jackals, several hyenas, some buffalos and an eland came past. Those were the animals that I could clearly identify. I don't know what else was rustling in the dark bush but didn't come nearer.

Some of these animals came right up to my hands that were stretched out and operating the cameras. Since I remained calm, the animals left me lying there and continued looking for something to eat in the garbage. My strength of nerves was rewarded by extremely rare shots that you can look at on the following pages.

Wie stark die angeborenen Instinkte der Tiere sind, beweist dieses Bild. Diese jungen Schakale sind erst wenige Wochen alt, aber heulen bereits jede Nacht genauso wie die Großen.

This picuture demonstrates the strength of the animals' inherent instincts. These young jackals are only a few weeks old but they are howling already each night, just like the adult jackals.

Geparde jagen normalerweise tagsüber, damit sie nicht in der Dunkelheit mit Löwen, Leoparden oder Hyänen konkurrieren müssen. Wenn sich eine Möglichkeit bietet, leichte Beute zu machen, schlagen sie aber auch in der Nacht zu. Diese Aufnahme ist also etwas sehr Seltenes.

Cheetahs usually hunt during the daytime so that they don't have to compete with lions, leopards or hyenas in the dark. However, if there is a chance to make easy prey they also strike at night. This shot shows a rare moment.

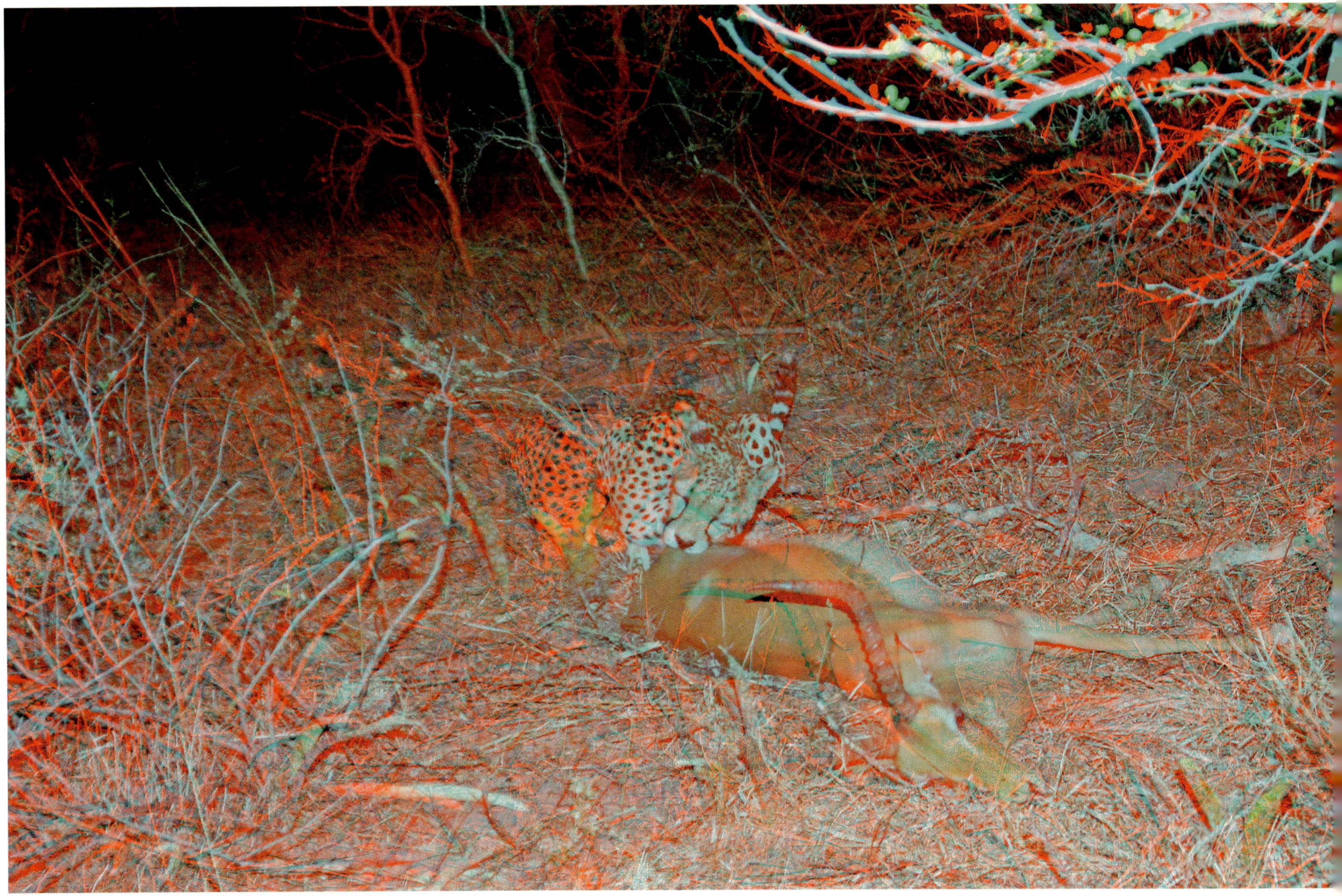

Paviane

Paviane gehören zu den Tieren, die ich am liebsten beobachte und fotografiere. Die Mimik und Gestik dieser Tiere ist so unterhaltsam, dass ich sie stundenlang beobachten kann, ohne müde zu werden oder mich zu langweilen. Diese Tiere sind gerade auch durch ihre Ähnlichkeit mit uns Menschen für uns so interessant.
Ich kenne seit vielen Jahren eine bestimmte Pavianfamilie, die im Krüger Nationalpark in Südafrika lebt. Jedes Jahr besuche ich diese Familie, die zuletzt aus 83 Tieren bestand, um sie zu beobachten und zu fotografieren. Diese relativ große Gruppe besitzt ein Territorium, das einen großen Fluss mit umschließt. Entlang dieses Flusses wachsen Feigen- und andere Fruchtbäume, von deren Früchten sich die Paviane unter anderem ernähren.
Die Bilder auf den nächsten Seiten zeigen meine langjährigen Freunde.

Baboons

Baboons are amongst the animals that I most enjoy watching and taking pictures of. The facial expressions and gestures of these animals are so entertaining that I can watch them for hours without getting tired or bored. These animals are so interesting for us humans because they are so similar to us.
For many years I have known a certain family of baboons that lives in the Kruger National Park in South Africa. Every year I visit this family, which consisted of 83 animals the last time I saw them, in order to watch and take pictures of them. This rather big group occupies a territory, which includes a big river. Along the riverside grow fig and other fruit trees, the fruits of which are a source of food for the baboons.
The pictures on the following pages show my longtime friends.

Grüne Meerkatzen

Die Grünen Meerkatzen sind den Pavianen im Verhalten sehr ähnlich. Und es macht mir ebenfalls viel Spaß, diese flinken Akrobaten zu beobachten.
Man findet die Grünen Meerkatzen oft innerhalb der Paviankatzen territorien. Allerdings sind ihre Gruppen weitaus kleiner als die der Paviane.

Um den sozialen Zusammenhalt zu stärken, lausen sich die Grünen Meerkatzen gegenseitig. Normalerweise pflegen die rangniederen Tiere die ranghöheren. Umgekehrt wird Zuneigung zu »Untergegebenen« durch die Erwiderung der Körperpflege signalisiert.

Vervet Monkeys

Vervet monkeys are very similar to baboons in their behavior. Consequently, I also enjoy watching these nimble acrobats very much.
Vervet monkeys are often found within baboon territories but their groups are much smaller than those of the baboons.

To strengthen the social cohesion vervet monkeys delouse each other. Normally the animals of lower rank groom those of higher rank. On the other hand answering the body care to their subordinates shows affection.

Vögel

In einem der privaten Naturschutzgebiete in Südafrika lebt eine sehr nette Dame, mit der ich befreundet bin. Sie füttert seit vielen Jahren jeden Morgen die Kleinvögel in ihrem so genannten »Vogelrestaurant«. Dies hat sich wohl bei den Vögeln herumgesprochen und so sieht man jeden Morgen unzählige Kleinvögel aus allen Himmelsrichtungen zu diesem »Restaurant« fliegen. Hauptsächlich sind es verschiedene Tokos, Stare, Tauben und Webervögel. Inzwischen haben auch einige Baumhörnchen den guten »Futterservice« schätzen gelernt und ergänzen ihre tägliche Nahrung mit dem, was eigentlich für die Vögel bestimmt ist.

Da Kleinvögel nicht aggressiv werden, ist das Füttern relativ unbedenklich. Größere Tiere, die auch gefährlich und dreist werden können, wie die Paviane, sollten allerdings niemals gefüttert werden.

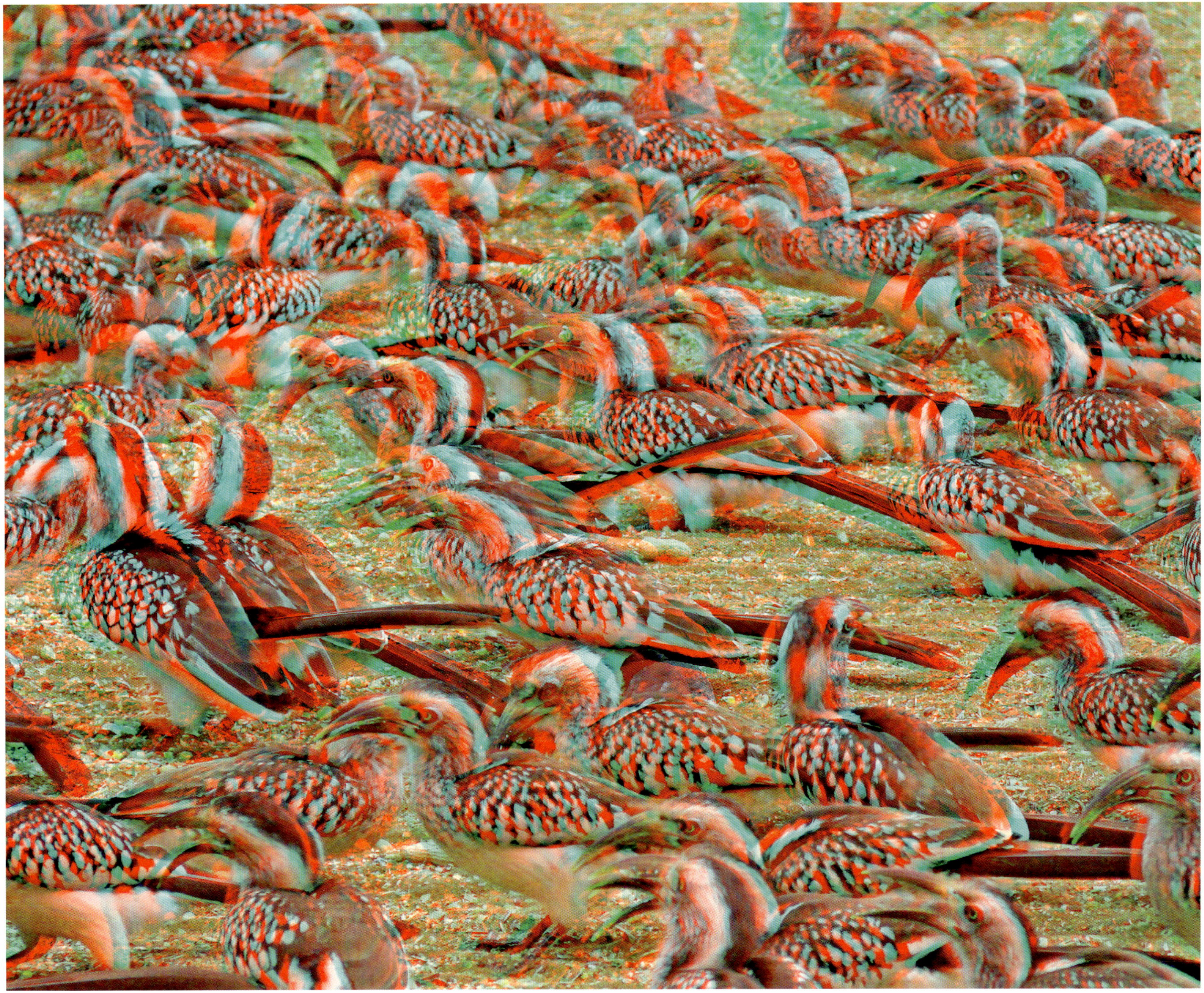

Birds

In one of the private South African nature reserves lives a very nice lady that I am friends with. For many years she has been feeding the small bird every morning in her so called bird restaurant. The news seems to have spread among the birds and as a result you can see numerous small birds flying to this restaurant from all directions every morning. Mostly they are different kinds of hornbills, starlings, pigeons and weaverbirds. In the meantime several tree squirrels have also come to cherish the good food service and supplement their daily diet with what was actually meant for the birds.

Since small birds do not become aggressive, feeding them is rather harmless. Bigger animals that may become bold and dangerous, like the baboons, however, should never be fed.

Schlangen

Im afrikanischen Busch trifft man, wenn überhaupt, auf drei verschiedene Schlangentypen, die ich so bezeichne: Die *Schnellen*, die *Langsamen* und die *Baumbewohner*. Die meisten von ihnen sind harmlos und ungiftig!

Am seltensten bekommt man die *Baumbewohner* zu sehen. Diese sind normalerweise keine Gefahr für den Menschen, da wir uns selten in Bäumen aufhalten. Die Schlangen, die ich als »schnell« bezeichne, sind oft längst weg, bevor der Mensch sie zu sehen bekommt. Dazu gehören z.B. sämtliche Kobras und die schlank gebauten Schlangen wie die schwarze Mamba. Wenn wir durch den Busch laufen, verursachen wir Bodenvibrationen, die von den Schlangen wahrgenommen werden. Alle Schlangen gehen einer Konfrontation mit Menschen lieber aus dem Weg, deshalb ziehen sie es vor, sich rasch von uns zu entfernen.

Dann sind da noch die *Langsamen* im Busch, zu denen die Puffottern und die Gabunvipern gehören. Diese Schlangen können vor uns nicht wegkriechen, da ihr Körper sehr schwerfällig gebaut ist. Ihre Überlebensstrategie liegt in ihrer Tarnung, und genau das wird uns Menschen manchmal zum Verhängnis, wenn wir nicht aufpassen. Unfälle mit diesen Tieren passieren zwar äußerst selten, aber fast immer selbst verschuldet, wenn der Mensch diese Tiere nicht rechtzeitig wahrnimmt und darauf tritt, oder versucht, sie zu fangen oder gar zu töten. Dass sich in solchen Situationen jedes Tier zur Wehr setzen wird, ist wohl selbstverständlich.

Ich habe seit meiner frühen Kindheit viele Erfahrungen mit Schlangen gesammelt und kann mit ruhigem Gewissen sagen, dass man sich vor Schlangen überhaupt nicht zu fürchten braucht, wenn man mit offenen Augen durch die Wildnis läuft und diese wunderbaren Tiere nicht stört. Die wirklich gefährlichen Tiere in Afrika sind die Moskitos und nicht die Schlangen!

Snakes

In the African bush you come across three different types of snakes, if you see any at all. I call them: the *fast ones*, the *slow ones* and the *tree dwellers*. Most of them are harmless and nontoxic.

The ones we get to see the least often are the *tree dwellers*. These are normally of no danger to humans since we seldom spend our time up on trees. The snakes I call *fast ones* are often long gone before we get to see them. Amongst these are the cobras and the slim snakes like the black mamba. When we walk through the bush we cause the ground to vibrate. The snakes feel these vibrations. All snakes prefer to avoid a confrontation with humans, which is why they try to get away from us as fast as possible.

That leaves us with the *slow ones* in the bush, amongst which are the puffadder and the gabunviper. These snakes cannot slip away from us because their bodies are very stolidly built. They camouflage themselves in order to survive and exactly this can be fatal for us humans if we don't watch out. Accidents are extremely rare and ones's own fault. They only happen when someone does not see them in time and steps on them or tries to catch or even kill them. It is highly natural that, when attakked any animal will try to defend itself.

Since I was a child, I have collected a lot of experience with snakes and feel free to say that there is absolutely no need to be afraid of snakes if you walk through the wilderness with your eyes open and do not disturb these wonderful creatures. The really dangerous animals in Africa are the mosquitoes, not the snakes!

Büffel

Büffel sind kräftige Tiere mit mächtigen Hörnern. Sie können sehr aggressiv und auch nachtragend sein, wenn sie z. B. angeschossen werden. Sie verteidigen sogar ihre verletzten Artgenossen: Man hat beobachtet, wie Löwen, die einen Büffel bereits niedergerissen, aber noch nicht getötet hatten, von anderen Büffeln vertrieben wurden. Das würden andere große Beutetiere wie z.B. Elenantilopen nicht tun.

Buffalo

Buffalo are sturdy animals with mighty horns. They can be very aggressive and also unforgiving if for example shot. They even defend their injured fellows: It has been observed, how lions that had already pulled a buffalo to the ground but not yet killed it, were chased away by other buffalos. This is something that other big animals that are preyed on e.g. elands would not do.

Geparde

Die Rufe der Geparde hören sich mehr nach einem Vogel an als nach einer Raubkatze, die ein Gnu erlegen kann. Diese wunderschönen und vom Aussterben bedrohten Tiere werden uns Menschen so gut wie nie gefährlich, da sie uns gegenüber sehr scheu sind und lieber jeglicher Konfrontation aus dem Weg gehen. Mir sind keine Zwischenfälle bekannt, bei denen wildlebende Geparde Menschen angegriffen oder getötet haben sollen. Trotzdem wird diese Katze vom Menschen gejagt und aus ihrem Lebensraum vertrieben.

Cheetahs

The call of the cheetah sounds more like that of a bird than of a cat of prey, which can kill a wildebeest. These beautiful animals that are in danger of extinction almost never pose a threat to us since they are very shy towards us and prefer to avoid any form of confrontation. I don't know of any incident where free ranging cheetahs killed or even attacked people. Still this cat is being hunted down and driven from its natural habitat by man.

Nashörner

Jahrzehntelang wurden die Nashörner sinnlos von Wilderern, die diese Tiere wegen ihrer Hörner jagen, geschlachtet und fast ausgerottet. Nach vielen Bemühungen und Schutzmaßnahmen zahlreicher Umweltschutzorganisationen hatte ihre Zahl in den letzten Jahren wieder zugenommen.

Jetzt kommt eine weitere Bedrohungswelle auf die Nashörner zu. Nicht nur ihre Lebensräume werden vernichtet. Neureiche Chinesen bezahlen viel Geld für das pulverisierte Horn, welches als Potenzmittel verwendet wird. Darum wird wieder verstärkt auf diese Tiere Jagd gemacht.

Die abergläubige chinesische Medizin fordert nicht nur bei den Nashörnern ihren Tribut, sondern auch viele andere vom Aussterben bedrohte Tierarten, darunter Tiger, Schneeleoparden, Bären, viele seltene Reptilien- und Amphibienarten, zahlreiche Vogelarten und Meeresbewohner leiden darunter. Leider unternimmt die Regierung in Peking nur sehr wenig gegen die willkürliche Ausrottung dieser Tierarten.

Rhinoceroses

For decades these animals were mindlessly slaughtered and almost made extinct by poachers hunting them for their horns. After big efforts and many protective measures put in place by environmental protection organizations their numbers had increased again during the last few years.

Now a new wave of threats is approaching the rhinoceroses. Not only are their natural habitats being destroyed but nouveau riche Chinese pay huge sums for pulverized rhino-horn, which is used as a drug to increase male virility. As a result they are being increasingly poached again.

Superstitious Chinese medicine does not only take its toll among the rhinoceroses. Many other endangered species also suffer, such as tigers, snow leopards, bears, many rare kinds of reptiles and amphibians, numerous bird species and ocean dwellers. Unfortunately, the government in Beijing does very little to stop the random extermination of these animal species.

Zebras

Die schwarzweiß gestreiften Muster der Zebras bilden bei der Flucht vor Raubtieren eine Welle von sich bewegenden schwarzweißen Linien, worin ein einzelnes Tier nur schwer erkennbar ist. Diese Tarnung funktioniert sehr gut; tatsächlich ist es schwierig, einem einzelnen Tier mit den Augen zu folgen, wenn eine ganze Herde Zebras davongaloppiert.

Zebras

When fleeing from a predator the zebras' black and white stripes create the impression of a wave of moving black and white stripes within which the individual animal is not easily made out. This camouflage works very well; it really is very difficult to let your eyes follow one animal when an entire herd of zebras is galloping away.

Hier trinkt ein Jungtier Milch bei seiner Mutter.

Here a young zebra is drinking its mother's milk.

Nilpferde

Das Gähnen der Nilpferde zeigt nicht ihre Müdigkeit, sondern ihre Aggression. Sie zeigen damit ihre Waffen und demonstrieren ihre Kampfbereitschaft. Dieses Verhalten ist bei vielen verschiedenen Tierarten verbreitet. Diese bis zu zwei Tonnen schweren Kolosse verlassen in der Dämmerung das Wasser und verbringen die Nachtstunden mit der Suche nach Futter. Obwohl sich die Nilpferde ausschließlich von Pflanzen ernähren, können sie dem Menschen sehr gefährlich werden, wenn er ihnen in die Quere kommt.

Hippopotamuses

The hippopotamuses' yawn does not show that they are tired but that they are aggressive. They are showing their weapons and signaling their willingness to fight. This behavior is widespread in the animal kingdom.

These colossi that weigh up to two tons, leave the water at dusk and spend the nighttime looking for food. Although the hippopotamuses are solely herbivores, they may become very dangerous for humans if somebody crosses their path.

Leoparden

Die unberechenbarste und somit die gefährlichste Großkatze der Welt ist der Leopard. Er tötet seine Opfer durch einen kräftigen Biss in die Kehle, der ihnen fast immer das Genick bricht. Danach schleppt er die Tiere, die oft weitaus mehr wiegen als er selbst, hoch in die Bäume. Dort frisst der Leopard seine Mahlzeit ungestört von vielen Konkurrenten, die ihm auf dem Boden das Futter streitig machen würden. Dazu gehören Hyänen und Löwen, die im Klettern nicht so gut sind wie die Leoparden.

Leopards

The most unpredictable and consequently most dangerous big cat in the world is the leopard. It kills its victims through a strong bite into the throat that almost always breaks their necks. After that it drags the animals that often weigh more than itself does, into the tops of the trees. Up there, the leopard can eat its meal undisturbed by all the competitors that would try to steal it down on the ground. Amongst these are lions and hyenas that are not as good at climbing as the leopard is.

terra magica

Layout: Wolfgang Heinzel
Übersetzung: Uta Dörmer
Lektorat: Dagmar von Keller
Herstellung: Verlagsservice
Dr. Helmut Neuberger &
Karl Schaumann GmbH, Heimstetten
Reproduktionen: Peschke Druck/
Tausend Verlagsservice, München
Druck und Binden:
Firmengruppe APPL, aprinta druck,
Wemding
Printed in Germany
ISBN 978-3-7243-1001-3

Besuchen Sie uns im Internet
unter www.terramagica.de
oder www.herbig.net

»Benny Rebel fotografiert wilde Tiere am liebsten aus nächster Nähe. So entstehen einzigartige Porträts. Bilder, für die Rebel sein Leben riskiert.« ***Playboy***

»Kein anderer traut sich an wilde Tiere so dicht heran wie Fotograf Benny Rebel. Das Ergebnis: dramatisch schöne Bilder«
Bild am Sonntag

»Der Großbildjäger. (...) Im großformatigen Bildband wechseln spektakuläre Nahaufnahmen von wilden Tieren mit Darstellungen der Schönheit ihrer Welt.«
Universum

»Dieses Buch lehrt Ehrfurcht vor der Natur. Benny Rebels Tieraufnahmen (...) sind zum Staunen und zum Schwärmen.« ***B.Z.***

»Den neuesten Stand der Dinge aus der Wildnis Afrikas liefern Benny Rebels großartige Tierbilder.« ***Photographie***

Benny Rebels prächtiger Tierbildband

Auge in Auge mit wilden Tieren: Spektakuläre Nahaufnahmen zeigen die spannende und gefährliche Arbeit eines Tierfotografen.

Benny Rebel zeigt seine international prämierten Fotos - ganz aus der Nähe machte er bei seinen Expeditionen in Afrika und auf den Galapagos-Inseln grandiose Aufnahmen von wilden Tieren und ihren Lebensräumen. Im Mittelpunkt seiner Arbeit steht Benny Rebels Vision, bedrohte Tierarten in größtmöglicher Unmittelbarkeit zu zeigen und sich damit für ihren Schutz zu engagieren.

Benny Rebel
Ungezähmt
Mit einem Vorwort
von Heinz Sielmann
176 Seiten, 180 Fotos
ISBN 978-3-7766-2484-7

www.benny-rebel.de